SOY PLANTAGO

Texto, ilustraciones y maquetación: Marta González Blázquez
Diseño y maquetación de cubierta: Paula Fernández García

Contacto: bajoelhelecho@gmail.com
Síguenos en Instagram: @coleccion_maleza

Licencia: Creative Commons Attribution 4.0
Ponte en contacto con la autora para más información.

Me llamo Plantago, aunque tengo más
nombres, como Llantén.

Quizás tú no me conoces, pero las
personas sabéis de mí desde hace milenios
y os he ayudado a superar enfermedades,
curar heridas y, por supuesto,
de alimento.

Soy una planta silvestre muy fácil de reconocer. Tengo unas hojas largas con laaargos nervios, como tubitos por dentro. Todas mis hojas crecen en roseta, vamos, que salen en un círculo en el suelo, y no en el tallo.
¡Fíjate, así!

Mis flores están en grupos, formando espigas y, cuando las tengo, es imposible que me confundas con otra planta. Bueno, con mi hermano mayor... pero también ayuda a las personas, casi igual que yo. Nos diferenciarás por las hojas: mi hermano mayor las tiene mucho más anchas que yo y las mías, como te decía, son largas y delgadas.

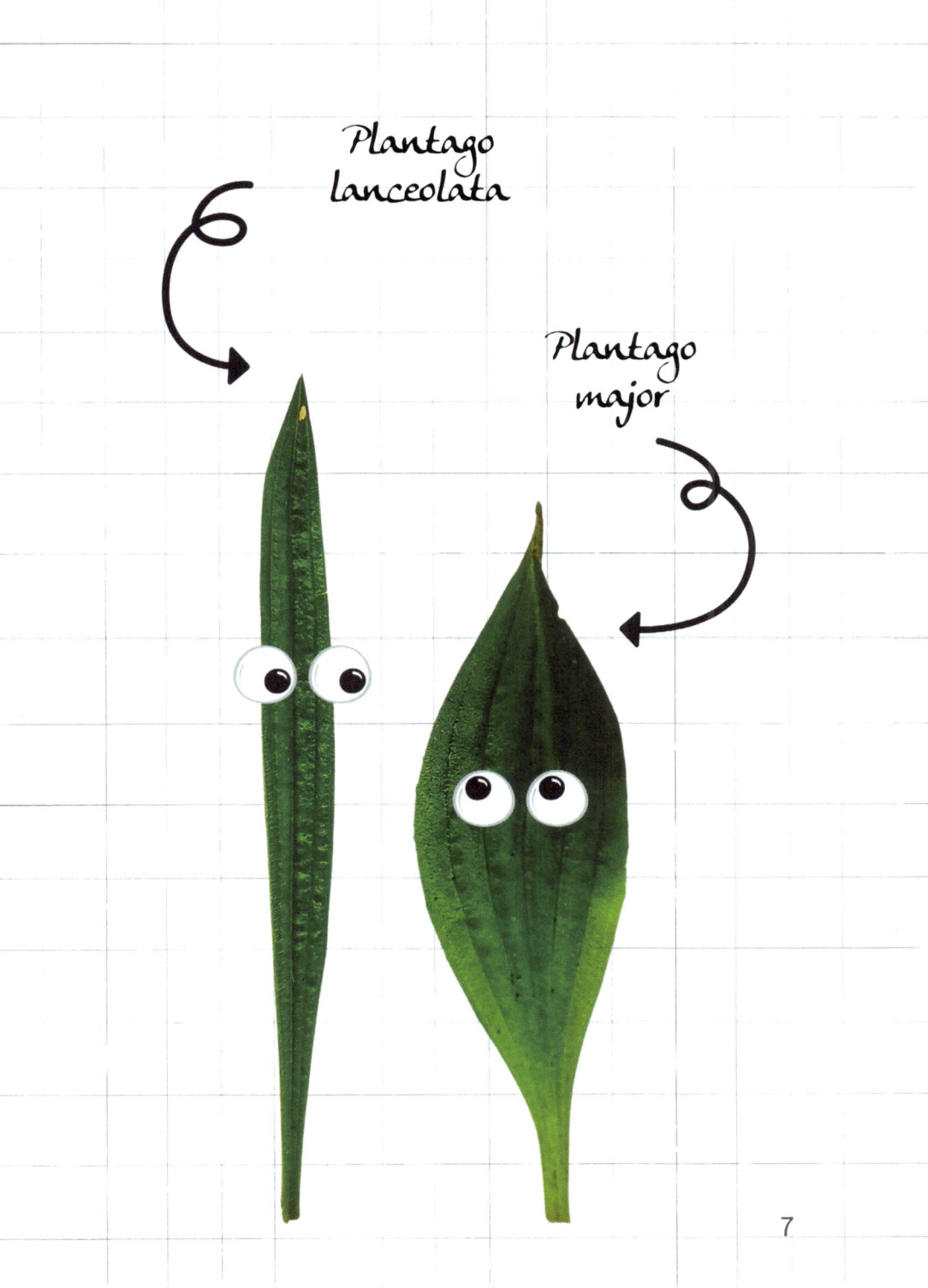

Crezco en zonas de césped, praderas y junto a los caminos. Imagínate si me gustan, que en alemán mi nombre es "Wegerich", Rey de los Caminos. Me gusta la humedad pero vivo en toda España (y en muchos otros países). ¡Seguro que me has visto en el parque o en una excursión, aunque no supieras que era yo!

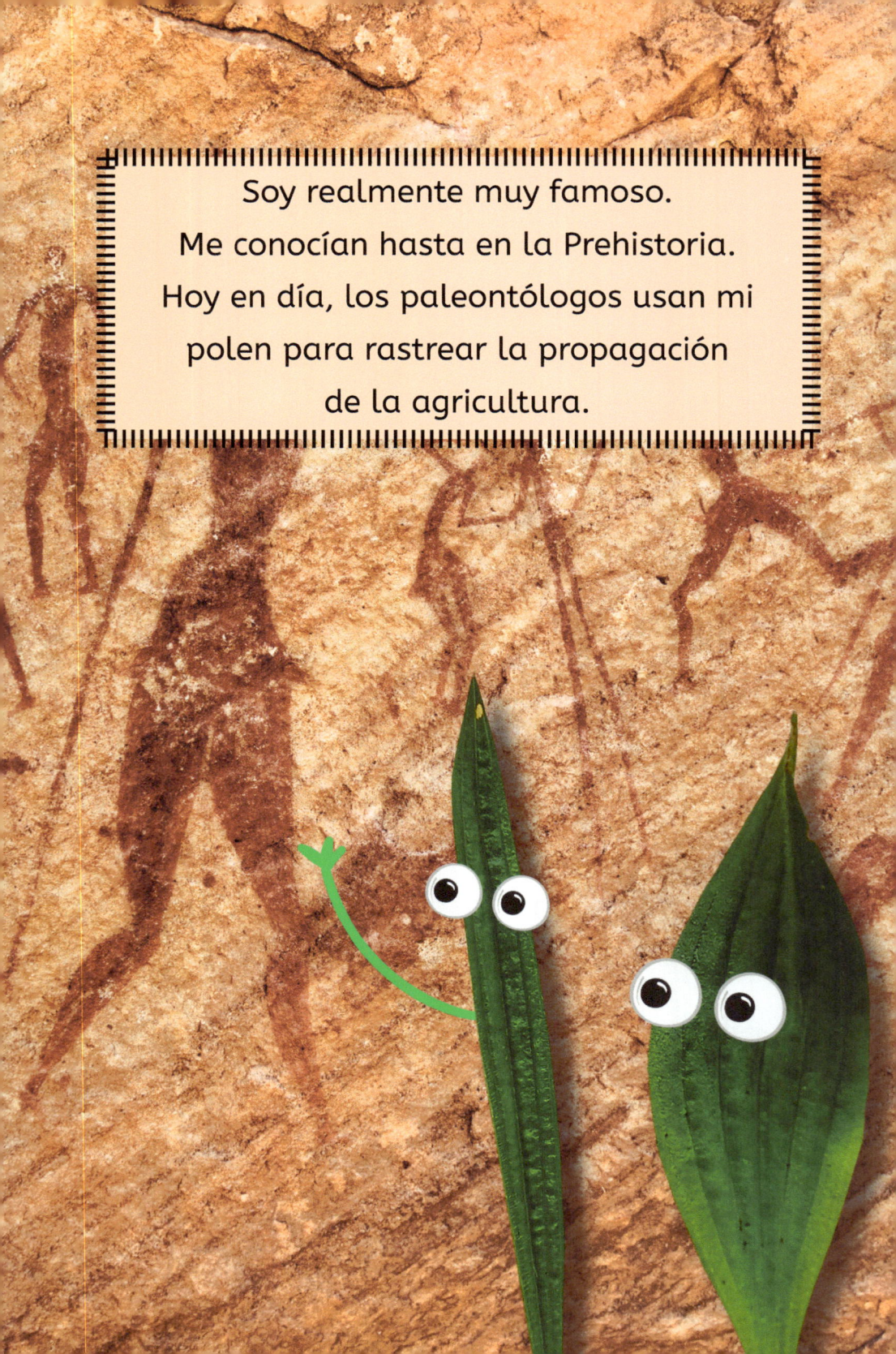

Soy realmente muy famoso. Me conocían hasta en la Prehistoria. Hoy en día, los paleontólogos usan mi polen para rastrear la propagación de la agricultura.

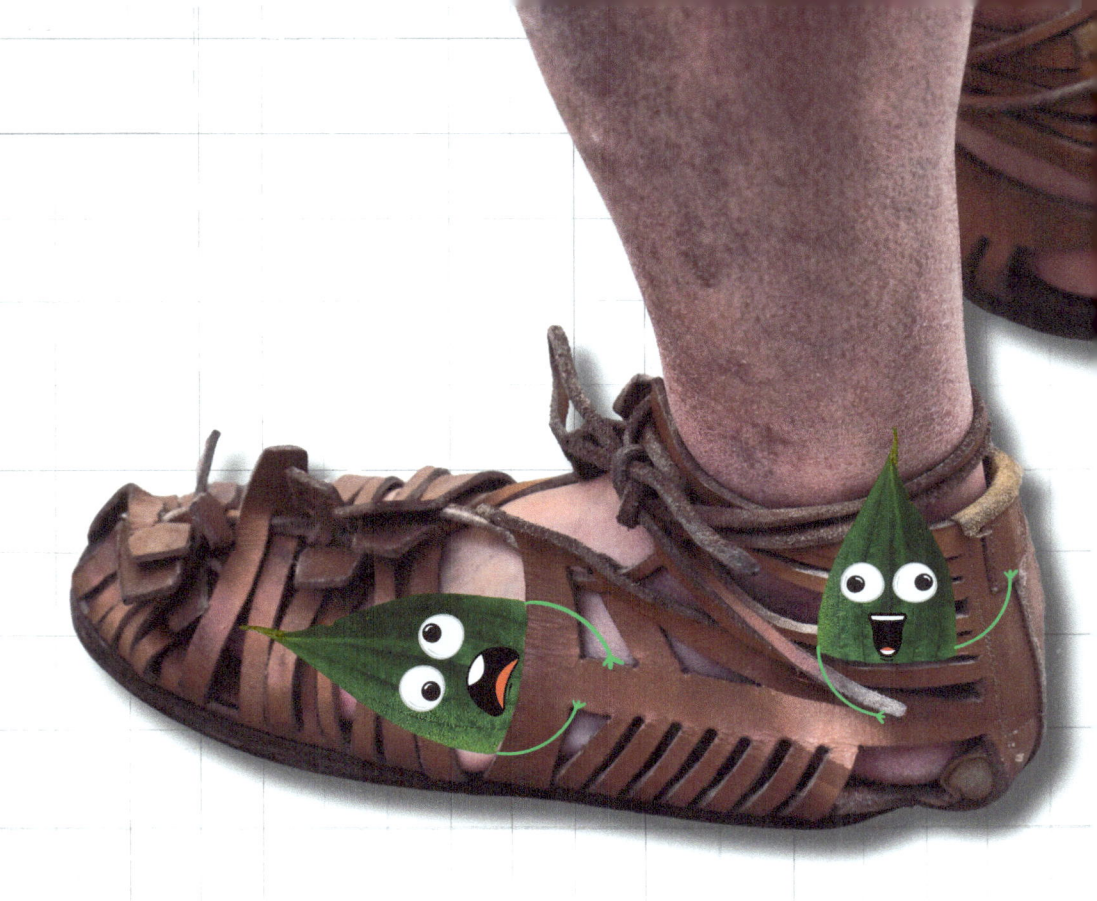

Los romanos me metían en su calzado para curar las ampollas en las largas caminatas.

En la Edad Media se me consideraba una panacea en medicina, es decir, que servía para todo.

En América del Norte, mi hermano mayor apareció a la par que la colonización europea, con lo que se ganó el nombre de "Huella del Hombre Blanco". Eso sí, en cuanto los nativos conocieron sus virtudes le llamaron "Medicina de la Vida".

Como ves, soy famoso con razón:
puedo ayudar a curar.
Se me considera una planta medicinal
muy valiosa desde tiempos lejanos.

Puedes usar mi jugo fresco sobre una
picadura de insecto y te aliviará.
Igualmente si te ortigas. Sólo tienes que
romper un poco la hoja y saldrá un
líquido que te ayudará.

Para una ampolla, quemadura o una herida, machaca una hoja y ponla sobre la piel. Puedes masticarla directamente (siempre lávala antes si es posible).

¡SOY UNA TIRITA NATURAL!

También ayudo con la tos y algunos problemas pulmonares, como el asma. Haz una infusión con mis hojas, frescas o secas y tómala bien caliente varias veces al día.

Si quieres disfrutar de mis propiedades medicinales en invierno, ten la previsión de secarme en verano y guardar mis hojas, bien secas, en un bote limpio. Si no lo has hecho, puedes comprarlas en una herboristería.

Infusión de llantén y tomillo
(para el catarro)

Ingredientes:
1 cucharada de tomillo seco
1 cucharada de llantén seco o fresco
miel al gusto

Pon dos vasos de agua a hervir en un cazo. Cuando esté burbujeando, añade las hierbas y apaga el fuego. Deja que infusione durante unos 3 o 4 minutos. Pasado ese tiempo, cuela la infusión, añade la miel y ¡listo!

¡¡¡ Recuerda !!!
Seca suficiente llantén durante el verano para repartir a la familia y amigos.

Decía Hipócrates, un médico griego muy importante, una frase que me encanta:

"QUE TU ALIMENTO SEA TU MEDICINA"

Esto quiere decir que comas cosas que sean buenas para tí. Por ejemplo, ¡a mí! Mis hojas tiernas son deliciosas crudas o cocidas, en ensalada, rellenos, patés vegetales...
¡y puedes hacer buñuelos con mis flores!

Mis semillas se usan para hacer gelatina o harina, normalmente comprándolas ya recolectadas, porque es bastante laborioso recoger tantas.

Buñuelos de llantén

Ingredientes:
1 manojo de flores de llantén, con su largo tallo
1 huevo
1 vaso de leche o bebida vegetal
80 gramos de harina
media cucharadita de levadura
edulcorante al gusto
opcional: ralladura de naranja, canela, anís...

Lava las flores, dejando sin cortar el tallo, y ponlas a secar sobre un trapo limpio. Mientras, bate el huevo, mézclalo con el resto de ingredientes hasta que no queden grumos. Ve ajustando la harina o el líquido hasta que quede una masa un poco líquida. Calienta una sartén con aceite o una plancha. Ve rebozando las flores, sujetándolas por el tallo y ponlas en la sartén. Dales la vuelta para que se hagan por ambos lados. Déjalas enfriar sobre papel de cocina para que absorva el exceso de aceite y...¡a disfrutar!

Si quieres tenerme en tu vida, tendrás que tener algunas cosas en cuenta:

Busca un lugar limpio para recolectarme:
que no tenga contaminación ni pis
de perro. El mejor lugar es el campito,
búscame y recógeme cuando
me veas bonito, bonito.

Si te es difícil tenerme cerca, puedes ponerme en una maceta. Sí, sí, se me considera una "mala hierba", crezco y vivo fácilmente en condiciones difíciles, así que tu maceta será un lugar maravilloso para mí.

Puedes coger algunas semillas a finales de verano y plantarme. También puedes comprarme en un vivero o recolectarme con raíces y llevarme a tu casa.

No te preocupes: soy una planta muy abundante y mi especie no sufrirá.

Si tienes alergia, ¡ve con cuidado! Mi polen puede afectarte. Puedes recolectarme antes de que tenga flor.

Siempre pregunta a un adulto y asegúrate de que soy yo. Soy inconfundible pero, en la Naturaleza, las plantas estamos muy mezcladas y podrías equivocarte. Confirma que soy yo antes de recolectarme.

Respeta el entorno: cuando me visites, asegúrate de que no queda basura. Asegúrate de que no me rompes sólo por hacerme daño. De que cuidas mi vida. Así también cuidarás la tuya y la de los demás.

¡Gracias!

Próximamente...

Soy Diente de León

PLANTAGO / LLANTÉN
Plantago sp.

Hábitat: praderas, césped, caminos.

Descripción: entre 20 y 40 cm de altura. Hojas en roseta, con nervios. Flores en espiga con largo tallo.

Confusiones: ninguna.

Usos: sus hojas tiernas se comen en ensalada. Las más maduras, como verdura cruda o seca, cocinadas.

Es medicinal: en infusión ayuda con la tos y los problemas pulmonares. Las hojas machacadas curan heridas, llagas o quemaduras.

Recolección: cualquiera, aunque para secar, mejor en un día soleado.

www.ingramcontent.com/pod-product-compliance
Lightning Source LLC
Chambersburg PA
CBHW040258220526
45473CB00002B/520